Stefan Heumann

Die Person des Unternehmensgründers

Probleme und Grenzen einer personenzentrierten Gründungsforschung

GRIN Verlag

Bibliografische Information der Deutschen Nationalbibliothek:

Die Deutsche Bibliothek verzeichnet diese Publikation in der Deutschen Nationalbibliografie; detaillierte bibliografische Daten sind im Internet über http://dnb.d-nb.de/ abrufbar.

Impressum:

Druck und Bindung: Books on Demand GmbH, Norderstedt Germany
ISBN: 978-3-656-25110-1

UNIVERSITÄT REGENSBURG
LEHRSTUHL FÜR WIRTSCHAFTSGEOGRAPHIE

Hauptseminar ‚Gründungsforschung'

Stefan **Heumann**

Die Person des Unternehmensgründers

Probleme und Grenzen einer personenzentrierten Gründungsforschung

SS 2004

Stefan Heumann

Nebenfächer: Statistik, Politikwissenschaft

Fachsemester: 6

Inhaltsverzeichnis

Abbildungsverzeichnis

Vorwort – unverbindliches Gedankenexperiment

„Die *Kulturgeographie* [als die der Wirtschaftsgeographie übergeordnete disziplinäre Kategorie, d. V.] [...] stellt Systemzusammenhänge zwischen Mensch, Gesellschaft, Wirtschaft, Politik und Technik dar, die sich sowohl im Raum manifestieren, als auch nicht räumlich manifestierte Funktionsnetze und Prozeßbeziehungen bilden, deren räumliche und gesellschaftliche Gültigkeit für verschiedene Dimensionen [...] untersucht wird." [LESER (2001), S. 424]

In exakt diesem Schnittfeld bewegt sich auch die Gründung neuer Unternehmen. Ökonomische „Organisationen" [vgl. BYGRAVE & HOFER (1991)] sind zunächst einmal nichts anderes als das (zumeist) räumlich manifestierte Ergebnis eines durch gesellschaftliche, ökonomische, politische (und gelegentlich auch technische) Faktoren beeinflussten menschlichen Handelns und damit materieller Ausdruck von Mensch-Umwelt-Beziehungen. Die in der Gründungsforschung zu beobachtende Tendenz, diese Manifestation nicht mehr als einmaligen Akt, sondern als kontinuierlichen Prozess zu begreifen [vgl. z. B. SHAVER & SCOTT (1991)], unterstreicht zudem die kognitive Nähe zu einer Geographie, die wie kaum eine zweite Disziplin einem Denken in Prozesssystemen verhaftet ist.

Trotz dieser grundsätzlich viel versprechenden Voraussetzungen sind in der geographischen Relevanz für die Gründungsforschung noch starke bereichsbezogene Unterschiede festzustellen. Anders als eher auf der strukturellen Ebene angesiedelte Themenkomplexe[1] fristet gerade die Gründerperson – zumindest in ihrer individuellen Reinform quasi der natürliche Feind einer räumlich und damit auch personell aggregierenden Wissenschaft – in der Geographie konzeptionell ein Schattendasein. Es wird naturgemäß nicht als Aufgabe der Geographie wahrgenommen, die Dispositionen, Ressourcen, Motivlagen und das Verhalten der Gründerperson auf der individuellen Ebene fassbar zu machen. Hier verlässt man sich auf die Konzepte von Wirtschafts- und Sozialwissenschaften, und so wird deren Präzision zur *conditio sine qua non* einer geographischen Auseinandersetzung mit der Gründerperson: erst wenn diese Disziplinen konsistente Aussagen darüber machen können, wer aus welcher Motivation heraus, wie und mit welchem Erfolg den Schritt in die Selbständigkeit wagt, kann die Geographie die in ihrer wirtschaftspolitischen Relevanz nicht zu unterschätzenden Prozesse der Entstehung, Verteilung und Veränderung unternehmerischer Potentiale auch in räumlichen Kategorien nachvollziehen. Wie diese Arbeit zeigen wird, ist diese Leistung von

[1] z. B. Regionalstudien zum Gründungsgeschehen, Analysen von dessen Auswirkungen auf die Regional- und Sektoralstruktur, die strukturelle Einbettung von Unternehmen in regionale Netzwerke oder die Untersuchung der regionalen Gründungsinfrastruktur

den Wirtschafts- und Sozialwissenschaften bisher aber allenfalls in Ansätzen erbracht worden.

Abb. 1 Geographie als integratives Element der personenzentrierten Gründungsforschung?

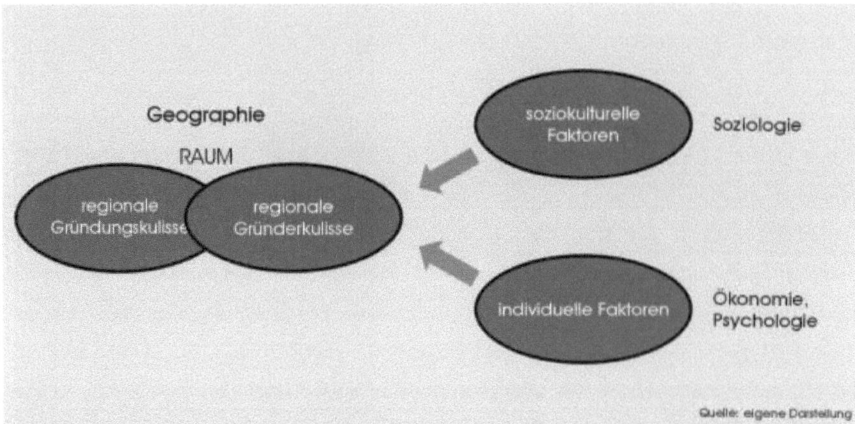

Im Zusammenhang mit der Gründerperson wird zumeist auf zwei strikt getrennten Ebenen argumentiert: zum einen sucht man in der individuellen Sphäre des Gründers nach Erklärungen für den Weg in die Selbständigkeit und den damit verbundenen Erfolg. Zum anderen konzipiert man den Gründer als einen in ein Netz von sozialen Einflüssen eingebetteten Akteur. Diese perspektivische Trennung ist rein analytischer Natur und sollte nicht darüber hinwegtäuschen, dass grundsätzlich *beide* Faktoren gleichzeitig wirksam sind. Individuelle und soziokulturelle Einflusssphären fallen im Gründerindividuum (und damit auch in der Kategorie Raum) zusammen. Diese Koexistenz und die vielschichtigen Wechselbeziehungen zwischen individuellen und soziokulturellen Faktoren sind bis heute wohl eine entscheidende Hürde für die personenzentrierte Gründungsforschung. Weder rein individualistisch noch rein kollektivistisch argumentierende Ansätze können für ihren Erklärungsgehalt eine angemessene Gültigkeit beanspruchen [vgl. BÜHLER (1999), Kap. 2]. Liegt nicht auch hierin ein integratives Potential für die Geographie? Gerade das Aufeinandertreffen von individuellen Inventaren, die im räumlichen Aggregat das Gründerpotential einer Region ausmachen, und soziokulturellen Faktoren, die ebenfalls häufig einen regional prägenden Charakter entfalten, könnte als ein entscheidender Bestimmungsgrund einer regionalen

Gründerkulisse[2] in Betracht gezogen und gegebenenfalls mit einer strukturellen *Gründungskulisse* (gesamtwirtschaftliche Rahmenbedingungen, Gründungsinfrastruktur, usw.) verknüpft werden (vgl. Abb. 1, S. iv). Diese Vorgehensweise müsste allerdings die Abkehr vom bisherigen Ansatzpluralismus und die gezielte Entwicklung eigenständiger Konzepte beinhalten.

Diese Sichtweise soll verdeutlichen, warum es auch für Studenten einer in der Gründungsforschung engagierten Wirtschaftsgeographie durchaus interessant sein kann, die wirtschafts- und sozialwissenschaftlichen Erklärungsansätze zur Person des Unternehmensgründers zu durchforsten, um aus deren Stärken und Schwächen zu lernen. Ziel dieser Arbeit ist es nicht, eine geographische Konzeption zur Gründerperson vorzulegen.[3] Vielmehr verfolgt diese Arbeit die Zielsetzung, die grundsätzlichen Probleme aufzuzeigen, die einer wissenschaftlichen Erfassung der Gründerperson inhärent sind, und damit einen kleinen Beitrag zur Systematisierung der *Wissenschaft personenorientierte Gründungsforschung* zu leisten. Zu diesem Zweck werden zunächst einige nicht-empirische Erklärungsansätze in ihrer maßgeblichen Rolle als *Menschenbilder der Gründungsforschung* diskutiert. Im Anschluss wird versucht, die Vielzahl von Ansätzen, die sich auf diesen Unternehmerbildern fußen, mit Hilfe zweier *Metatheorien* (‚Merkmals'- und ‚Verhaltensansatz') zu ordnen. Eine zusammenfassende Darstellung der wichtigsten empirischen Befunde wird dabei die Probleme der personenzentrierten Gründungsforschung verdeutlichen. Auf der Basis einer sich daraus ableitenden Fragestellung wurde eine eigene qualitative Untersuchung durchgeführt, deren zentrale Ergebnisse zum Abschluss mit denjenigen des theoretischen Teils verknüpft werden.

---

[2] Hierzu sei angemerkt, dass bereits der Begriff ‚Gründerkulisse' räumliche Konnotationen besitzt. Die Beschreibung, Erklärung oder gezielte Beeinflussung einer Gründerkulisse ohne räumlichen Bezug scheint von vorneherein ausgeschlossen.
[3] Dies würde die Kompetenz des Verfassers wohl um ein Vielfaches übersteigen.

Die Person des Unternehmensgründers in der Gründungsforschung

1 Die personenzentrierten Ansätze im Gesamtkontext der Gründungsforschung

Die wissenschaftliche Auseinandersetzung mit der Neugründung und dem dauerhaften Bestand von Unternehmen bewegt sich im Schnittfeld unterschiedlichster Fachdisziplinen. Neben in diesem Zusammenhang wohl naturgemäß mit der Vorreiterrolle betrauten Betriebs- und Volkswirten sind es vor allem Soziologen, Psychologen, aber auch Wirtschaftsgeographen, Wirtschaftshistoriker und Juristen, die ihren Beitrag leisten bei der Klärung der Frage, ob und wie das Gründungsgeschehen und sein Erfolg erklärt, prognostiziert oder gar stimuliert werden können [vgl. PREISENDÖRFER in PREISENDÖRFER (Hrsg.) (1996), S. 9]. Die zentralen Themenkomplexe sind dabei zum einen die *Gründungsaktivität* – d. h. die Prozesse der Gründung neuer Betriebe – und zum anderen der *Gründungserfolg* – d. h. die Bestandserhaltung und Entwicklung neu gegründeter Unternehmen. Über diese Grenze hinweg verläuft eine analytische Gliederung in *umwelt- und betriebsorientierte* und *personenzentrierte* Ansätze (vgl. Abb. 2, S. 3):

„Nachfrage- bzw. umweltorientierte Ansätze befassen sich mit den (auf unterschiedlichen Ebenen lokalisierbaren) strukturellen Bedingungen, die Betriebsgründungen mehr oder weniger stimulieren. Demgegenüber richten angebots- bzw. personenzentrierte Ansätze ihr Hauptaugenmerk auf die handelnden Akteure, also auf das Reservoir unternehmerischer Talente und auf dessen Ausschöpfung." [PREISENDÖRFER in PREISENDÖRFER (Hrsg.) (1996), S. 10]

Neben dieser grob skizzierten Untergliederung spielen die personenzentrierten Ansätze auch in einer übergeordneten Differentierung zwischen *entrepreneurship research* (Gründungsforschung) und *entrepreneurship education* (Gründerausbildung) eine wichtige Rolle. Während die Gründungsforschung aus einem rein akademischen Blickwinkel heraus die Faktoren und Zusammenhänge zu analysieren versucht, die das Gründungsgeschehen bestimmen, verfolgt die vorzugsweise an universitären Gründerlehrstühlen beheimatete Gründerausbildung mit der Vermittlung von gründungsrelevantem Wissen an potentielle Unternehmensgründer eine eher pragmatische Zielsetzung. Die personenorientierte Gründungsforschung ist in diesem Zusammenhang auch als Grundlagenforschung der Gründerausbildung zu verstehen, da das Wissen um personenbezogene Erfolgsfaktoren quasi als Voraussetzung einer zielgerichteten Gründerausbildung anzusehen ist [vgl. z. B. BRAUN in PREISENDÖRFER (Hrsg.) (1996)].

Abb. 2 Bausteine der Gründungsforschung

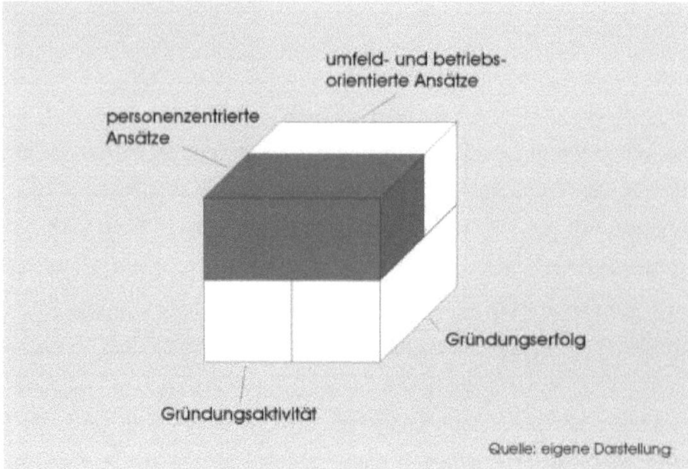

Gegenstand dieser Arbeit ist die personenzentrierte Forschungstradition der entrepreneurship research. Im Sinne einer systematischen Annäherung an einen Bereich, der sich als wahrer Pluralismus unterschiedlichster Partialansätze darstellt, wagen wir zunächst einen Schritt zurück und vergegenwärtigen uns die Wurzeln, die nicht nur entscheidende Einflüsse auf die Entwicklung der gesamten Forschungsrichtung ausgeübt haben, sondern gleichzeitig mögliche Antworten auf eine in diesem Zusammenhang wohl nicht ganz unwesentliche Frage anbieten: Was ist eigentlich ein Unternehmer?

2 Was ist ein Unternehmer? – zur Anthropologie der Gründungsforschung

„Begriffliche Uneinheitlichkeit ist [...] ein Dilemma der wissenschaftlichen Behandlung des Gegenstandes ‚Unternehmer'. So findet man in der Literatur nicht selten die Klage, daß es eine allgemein akzeptierte Auffassung vom Unternehmer nicht gebe." [ANDERSECK (2000), S. 8].

Die Suche nach einer allgemein akzeptierten Auffassung des Unternehmerbegriffs würde zwangsläufig zu einem *essentialistischen* Unternehmerbegriff führen, der ein vermeintlich objektivierbares Wesen des Unternehmers zum Vorschein bringt. Wie sich im weiteren Verlauf dieser Arbeit noch zeigen wird ist dies jedoch unmöglich, und aus einem erkenntnistheoretischen Blickwinkel heraus auch ohnehin nicht wünschenswert, denn:

„In der modernen Wissenschaft gelten Begriffe als Werkzeuge, die man sich herstellt, um bestimmte Probleme zu lösen. Sie sind Netze, mit denen wir diejenigen Eigenschaften einfangen, die uns interessieren." [ebd. S. 9]

Auch ‚diejenigen Eigenschaften, die uns interessieren', sind nicht ohne weiteres objektivierbar, da ‚wir' ja nicht ‚alle' sind. Entsprechend der Multidisziplinärität des Untersuchungsgegenstands ist es nachvollziehbar, dass den unterschiedlichen fachlichen Herangehensweisen je spezielle unternehmerische Idealtypen zugrunde gelegt wurden, die wiederum je spezifische Gesichtspunkte des Unternehmertums überhöhen und auf diese Weise die Person des Unternehmers einer wissenschaftlichen Auseinandersetzung erst zugänglich machen. In diesem Zusammenhang sind vor allem die von den Wirtschafts- und Sozialwissenschaften vorgelegten Entwürfe zu nennen. Während die zuerst Genannten das Wesen des Unternehmers aus seinen Aufgaben in der Wirtschaftslandschaft heraus ableiten, zielt der kultursoziologisch-psychologische Unternehmertypus in erster Linie auf die Motivation unternehmerischen Handelns ab. Die einschlägigen Konzeptionen definieren sich also als Antworten auf zwei Fragen:

(1) Was tut ein Unternehmer?
(2) Warum tut ein Unternehmer das, was er tut?

Die hier vorgestellten Entwürfe sind zunächst einmal nur heuristische Begriffserfüllungen im Sinne ANDERSECKs [vgl. oben] ohne empirische Überprüfung [vgl. KLANDT (1984), S. 35] und könnten daher auch als *Menschenbilder der Gründungsforschung* aufgefasst werden. Unabhängig von humanistischen Bildungsidealen sind die anthropologischen Prämissen einer wissenschaftlichen Disziplin in der Regel von nicht zu unterschätzender Bedeutung, da sie in einem erstaunlich pragmatischen Sinne über die Herangehensweise an die jeweilige Thematik entscheiden. Auch in der personenzentierten Gründungsforschung hängt die Auswahl der empirisch zu untersuchenden Variablen von der Frage ab, ob man den Unternehmer funktional oder motivational konstruiert. Eine nicht zu unterschätzende Bedeutung besitzen Unternehmerbilder auch deshalb, weil sie – sofern sie Eingang in ein kollektiv-gesellschaftliches Bewusstsein finden – als Rollenmodelle für potentielle Gründer dienen können. Erst die Erfüllung der ‚Person des Unternehmers' mit scheinbar charakteristischen Inhalten wie Innovationsvermögen, Risikofreude oder der Bereitschaft zu harter Arbeit ermöglicht es dem einzelnen Akteur, seine eigene Person in Relation zum Unternehmertum zu setzen und eine zumindest subjektiv rationale Entscheidung für oder gegen den Erwerbsstatus Selbständigkeit zu treffen.

2.1 Was tut ein Unternehmer? – die ökonomisch-funktionale Perspektive

Das, ‚was Unternehmer tun', fragt nach der Rolle des Unternehmers im wirtschaftlichen Produktionsprozess. *Funktionale* Unternehmerkonzeptionen haben ihre Wurzeln in der neoklassischen Ökonomie. Dies kommt z. B. in der zentralen Stellung zum Ausdruck, die die Beziehung zwischen unternehmerischem Handeln und neoklassischen Marktgleichgewichten in diesen Entwürfen einnimmt:

„So geht z. B. Schumpeter (1952) davon aus, daß die Aufgabe eines Unternehmers darin besteht, Märkte in Ungleichgewichte zu bringen und damit die ökonomische Entwicklung voranzutreiben. Andere Theoretiker wie z. B. Chantillon (1990) oder Kirzner (1973, Kapitel 2) sind hingegen der Ansicht, daß Unternehmer für die Wiederherstellung von Marktgleichgewichten verantwortlich sind, da sie die aus den Ungleichgewichten resultierenden Preisunterschiede ausnutzen und so die differierenden Niveaus von Angebot und Nachfrage zusammenbringen." [BÜHLER (1999), S. 6]

Der auch vielen Studien zur Unternehmensgründung zumindest indirekt zugrunde liegende Unternehmertypus ist der im vorhergehenden Zitat bereits anklingende *dynamische Unternehmer* Joseph SCHUMPETERs (1952), dessen zentrale Aufgabe das *Durchsetzen neuer Kombinationen* ist. Dies kann auf unterschiedliche Weise geschehen, nämlich „(1) die Herstellung neuer Produkte bzw. neuer Produktqualitäten, (2) die Einführung neuer Produktionsmethoden, (3) die Erschließung neuer Absatzmärkte, (4) die Eroberung neuer Bezugsquellen von Rohstoffen oder Halbfabrikaten und (5) die Reorganisation von Industriezweigen. [...] Unternehmer können [damit, d. V.] nicht nur die beruflich Selbständigen sein, und gleichzeitig sind keineswegs alle beruflich Selbständigen Unternehmer. Handwerksmeister, Angehörige freier Berufe, Kleingewerbetreibende und andere auf eigene Rechnung handelnde Wirtschaftssubjekte sind nach Schumpeter nur in Ausnahmefällen Unternehmer" [BRÜDERL ET AL. (1996), S. 25], da ihr innovatives Potential in der Regel beschränkt bleibt.

Unternehmertum ist für SCHUMPETER ein Prozess der kreativen Zerstörung, in dessen Verlauf das ökonomische System eine evolutorische, bisweilen fast revolutionäre Weiterentwicklung erfährt. Der Unternehmer braucht ein intuitives Gespür, da er sich bei der Koordination seines neuartigen Produktionsprozesses nicht auf bereits gemachte Erfahrungen stützen kann sowie darüber hinaus die Fähigkeit, die Widerstände zu überwinden, denen sich alles Neue zunächst einmal ausgesetzt sieht. Diese und weitere Zuschreibungen kumulieren letztendlich in einer überhöhten, exponierten und alles andere als alltäglichen Unternehmerpersönlichkeit:

„Deshalb sind die Unternehmer ein besonderer Typus [...]." [SCHUMPETER (1952), S. 119]

In enger Beziehung zum Durchsetzen neuer Kombinationen stehen auch andere unternehmerische Aufgaben. Die *Wahrnehmung von Gewinnmöglichkeiten* – und zwar bevor andere dies tun – die *Risikobereitschaft*, die notwendig ist, um existierende Gewinnmöglichkeiten zu realisieren oder das *Bewältigen von Unsicherheiten* sind weitere in der ökonomischen Literatur weit verbreitete Funktionen eines idealtypischen Unternehmers, die jedoch an dieser Stelle nur kurz erwähnt sein sollen [für eine möglichst vollständige Liste von Unternehmerfunktionen vgl. BÜHLER (1999), S. 6].

2.2 Warum tut ein Unternehmer das, was er tut? – die motivationale Perspektive

Der funktionalen Unternehmerkonzeption stehen kultursoziologisch-sozialpsychologisch geprägte Entwürfe zur Unternehmerperson gegenüber. Diese auf Max WEBER zurückgehenden Ansätze stellen anstelle des unternehmerischen Handelns selbst die ihm zugrunde liegende Motivation in den Vordergrund. WEBERs historisch geprägte – in seinem Werk *Die protestantische Leistungsethik und der Geist des Kapitalismus* (zuerst 1905) dargelegte –

Argumentation mündet in ihrem Kern in einer kausalen Verbindung protestantischer Glaubensinhalte und der Entwicklung kapitalistischer Unternehmerstrukturen:

„Die besondere Prädisposition der Protestanten für unternehmerische Tätigkeiten wird auf konkrete Glaubensinhalte und damit verbundene Maximen für das Alltagsleben [...] zurückgeführt“ [BRÜDERL ET AL. (1996), S. 27].

„Selbständigkeit und Leistung sind die höchsten Werte, [...] ‚Zeit ist Geld', das Leben besteht aus rastloser Berufsarbeit.“ [NERDINGER in von ROSENSTIEL & LANG-VON WINS (Hrsg.) (1999), S. 6]

Der aufkeimende Protestantismus wird zum Nährboden eines kapitalistischen Geistes. Gemäß der calvinistischen Idee der Prädestination erfolgt die mittlerweile zum geflügelten Wort gewordene Verknüpfung von ‚Beruf' und ‚Berufung' [vgl. BÜHLER (1999), S. 14], wobei das Aufgehen in dieser Arbeit zu einer Form des Gottesdienstes wird.

Der Psychologe David MCCLELLAND (1961) griff den kultursoziologisch verstandenen Begriff der Leistungsmotivation auf, transformierte ihn in ein psychologisches Konzept (*Theorie der Leistungsorientierung*) und führte den soziokulturellen Determinismus zum Unternehmertum damit auf der individuellen Ebene fort:

„Die leistungsorientierten kulturellen und gesellschaftlichen Werte und Normen schlagen sich in Erziehungspraktiken nieder, die Leistung und Selbständigkeit als Erziehungsziele in den Vordergrund stellen“ [BRÜDERL ET AL. (1996), S. 30].

WEBERs Protestantismusthese erfährt eine Erweiterung, die vor allem die ersten Jahrzehnte der personenbezogenen Gründungsforschung in entscheidendem Maße prägen sollte. Leistung wird zum zentralen gesellschaftlichen Wert, der – z. B. durch die Eltern – sozialisiert und als Handlungsmotiv verinnerlicht wird. Leistungsorientierte Menschen zeichnen sich durch eine moderate Risikobereitschaft aus. Sie setzen sich Ziele, die sie aus eigener Kraft erreichen wollen und bevorzugen Arbeitssituationen, die eine direkte Rückmeldung bzgl. der erbrachten Leistung erlauben. Der Argumentation MCCLELLANDS folgend ist die Selbständigkeit für leistungsmotivierte Akteure quasi das ‚ökologische Optimum' in der Landschaft der unterschiedlichen Erwerbsformen.

Welche Einsichten vermitteln nun die eben beschriebenen Unternehmerentwürfe für das ursprüngliche Menschenbild einer personenbezogenen Gründungsforschung? Zum einen ist festzustellen, dass Vieles in den Ansätzen ein Denken reflektiert, demzufolge sich der Unternehmer als herausragende Führungspersönlichkeit darstellt, sich durch eine metaphysische Veranlagung, eine irrationale Fähigkeit auszeichnet. Versucht man diese Eigenschaft zu operationalisieren, so lässt sich aus den Zuschreibungen an die unterschiedlichen Unternehmertypen ein breit gefächertes Repertoire an möglichen Merkmalsvariablen (Persönlichkeitsattribute wie Leistungs- und Risikobereitschaft, personale Ressourcen und Qualifikationsmuster, kulturelle Einbettung des Akteurs in mikro- und makrosoziale Rahmenbedingungen, usw.) ableiten, die sich als Untersuchungsgegenstände anbieten und die auch dankbar aufgegriffen und eifrig empirisch überprüft werden. Die im nächsten Abschnitt zunächst stattfindende Diskussion dieser empirischen Vorgehensweise wird schnell die Probleme, die in diesem Zusammenhang nicht zu übersehen sind, sowie auch die Notwendigkeit einer tiefer gehenden theoretischen Fundierung der personenbezogenen Gründungsforschung aufzeigen.

3 Die Personen des Unternehmensgründers

3.1 Empirie

Überträgt man die empirische Vorgehensweise der zweifelsohne zahlreich vorliegenden Studien zunächst einmal auf die zu Beginn dieser Arbeit eingeführte thematische Gliederung in die Untersuchungsstränge zu Gründungsaktivität und Gründungserfolg, so lässt sich mit PREISENDÖRFER [in PREISENDÖRFER (Hrsg.) (1996)] folgendes festhalten: im Bereich der Gründungsaktivität umfasst die Liste zentraler empirischer Themenkomplexe „die generelle Bereitschaft in der Bevölkerung, den Schritt in die berufliche Selbständigkeit zu vollziehen“ (S. 13), „die Motive und Beweggründe zur Initiierung eines eigenen Betriebes“ (S. 14), „das Sozialprofil von Unternehmensgründern“ (S. 14), „die Analyse mehr oder weniger fixer Persönlichkeitsattribute von Unternehmern“ (S. 16) sowie das „mikrosoziale Umfeld der Akteure“ (S. 16). Für den Bereich des Gründungserfolgs stellt er kurz und nüchtern fest: „Mit Blick auf erfolgsrelevante Personenmerkmale [...] läuft die empirische Forschung in ähnlichen Bahnen wie im Fall der Gründungsentscheidung“ (S. 19). Für eine kurze Zusammenschau einiger wichtiger empirischer Befunde sei an dieser Stelle im Sinne einer prägnanten Darstellung ebenfalls der Überblick von PREISENDÖRFER [in PREISENDÖRFER (Hrsg.) (1996)] bemüht:

Generelle Bereitschaft zum Schritt in die berufliche Selbständigkeit:

„Betrachtet man die Entwicklung der Zahl der beruflich Selbständigen [...] im Zeitablauf, deutet sich in zahlreichen westlichen Industrieländern seit etwa Mitte der 70er Jahre eine bemerkenswerte Trendwende an. Nach einem jahrzehntelangen Rückgang kann die Selbständigenquote einen zum Teil deutlichen Aufschwung verzeichnen [...]. Die gestiegene Arbeitslosigkeit und die Tertiarisierung der der Wirtschaft können zwar einen Teil der Trendwende erklären [...], es bleibt jedoch ein beachtlicher ‚Rest', der in der Tat auf einen längerfristigen Strukturbruch hindeutet.“ (S. 11 f.)

Motivation und Beweggründe zur Initiierung eines eigenen Unternehmens:

„Die auf Befragungen basierende Forschung belegt [...] überraschend deutlich, daß der Faktor ‚Autonomie, Unabhängigkeit, Entscheidungsfreiheit' [...] eine klar dominierende Rolle spielt, daß finanzielle Erwägungen (Erzielung eines höheren Einkommens) eher zweitrangig sind und daß push-Faktoren relativ selten im Vordergrund stehen. Dennoch ist die Motivation zumeist mehrschichtig;

Befragungen sind mit dem Problem sozial erwünschter Antworten belastet; und qualitative Detailstudien veranschaulichen, daß negative Auslöser durchaus sehr häufig mitspielen.“ (S. 14)

Sozialprofil von Unternehmensgründern:

„Obwohl Frauen in den letzten Jahren aufgeholt haben, sind Männer bei den Betriebsgründungen noch immer überrepräsentiert; altersmäßig dominieren die mittleren Altersgruppen (30-40 Jahre); im Vergleich zu den abhängig Beschäftigten haben die Unternehmensgründer eine überdurchschnittliche schulische und berufliche Bildung; die Mehrheit kann auf einschlägige Branchen- und Berufserfahrung zurückblicken; zudem hatten sie, soweit sie vor der Betriebsgründung erwerbstätig waren, ein relativ hohes Einkommen und überdurchschnittlich oft Vorgesetztenpersonen inne; bevorzugte Rekrutierungsfelder sind zuvor bereits (ein- oder mehrmals) selbständige Personen sowie Angestelltenpositionen; im sozialen Schichtgefüge plazieren sich die Gründer in der Selbsteinschätzung höher als die erwerbstätige Bevölkerung; und im elterlichen Herkunftsmilieu finden sich überdurchschnittlich viele selbständige Väter und/oder Mütter.“ (S. 14 f.)

Persönlichkeitsattribute von Unternehmensgründern:

Hier ist festzustellen, dass „McClellands Leistungsmotivationskonzept noch immer einen prominenten Platz einnimmt. Trotz intensiver empirischer Forschungsbemühungen haben diese psychologischen Ansätze mit ihrer Betonung von Persönlichkeitsmerkmalen bislang aber kaum konsistente Ergebnisse hervorgebracht.“ (S. 16)

Personenbezogene Erfolgsfaktoren:

„Bei statistischer Kontrolle sonstiger Merkmale sind Frauenbetriebe genauso erfolgreich wie Männerbetriebe; Frauen gelingt es jedoch seltener (bzw. es ist ihnen weniger daran gelegen), ihren Betrieb auf einen Wachstumspfad zu bringen. Betriebe von Gründern mit höherem allgemeinem Humankapital (Bildung, Berufserfahrung) haben eher Bestand [...].“ (S. 19)

Wie schwierig es ist, der Forderung nach einer analytischen Trennung von Gründungsaktivität und Gründungserfolg in der wissenschaftlichen Realität konzeptionell nachzukommen, lässt sich anhand eines der gerade zitierten Befunde verdeutlichen: Unternehmen, die von Gründern mit einer hohen schulischen und beruflichen Bildung ins Leben gerufen wurden, haben bessere Chancen als solche von Gründern, die hinsichtlich dieser Faktoren eher vergleichsweise ungünstig ausgestattet sind (vgl. dazu auch Abschnitt 3.2 b). Allerdings dominieren die zuerst Genannten gleichzeitig auch im Bereich der Gründungsaktivität, was den Erklärungsgehalt für den Bereich des Gründungserfolgs wiederum relativiert. Wo KLANDT [(1984), z. B. S. 82] im Bezugsrahmen seiner extensiven Untersuchung bereits das

„Da- und Sosein“ der unter-nehmerischen Gründungsaktivität zu einer unabhängigen Determinante des Gründungserfolgs erklärt, lässt sich prinzipiell also ebenso umgekehrt argumentieren: unabhängig von ökonomischen Rationalitätsannahmen darf angenommen werden, dass ein Akteur einen ernsthaften Schritt in die Selbständigkeit nur dann vollziehen wird, wenn er auch tatsächlich mit einem Erfolg der Gründung rechnet (wobei als Minimalziel wohl zumindest das Überleben der Unternehmung anzunehmen ist). Die Abwägung der Erfolgschancen, die der Gründungsentscheidung ja im Regelfall *vorausgeht*, schließt auch die subjektive Wahrnehmung personenbezogener Erfolgs- bzw. Risikofaktoren mit ein, wodurch letztlich auch Aspekte wie eben die schulische und berufliche Bildung zur unabhängigen Variablen der Gründungsaktivität werden.

Die der Thematik inhärente Problematik verschwimmender Grenzen veranlasst die Autoren umfassenderer Studien dazu, sich bei der Gliederung ihrer empirischen Befunde weniger an Gründungsaktivität und Gründungserfolg zu orientieren und stattdessen eher Schwerpunkte hinsichtlich der Analyseebenen zu setzen. KLANDT (1984) unterscheidet im Wesentlichen zwei Felder, die zumindest in der empirischen Forschung in dieser Form auch heute noch relativ weitreichende Gültigkeit besitzen: (1) *Merkmalsdimensionen der Person des Unternehmensgründers* mit den Unterpunkten dynamische Wesenszüge, Charaktereigenschaften, Fähigkeitswesenszüge, Alter und Geschlecht, momentane Gestimmtheit und physiologisch-morphologische Faktoren; (2) *Merkmalsdimensionen des mikrosozialen Umfelds* mit den Unterpunkten der privaten, beruflichen und finanziellen Sphäre. Demgegenüber differenziert z. B. MÜLLER [in VON ROSEN-STIEL/LANG-VON WINS (Hrsg.) (1999), S. 17] zwischen *individuellen Potentialfaktoren* („Fähigkeiten, Fertigkeiten, Wissenskapazitäten, Temperamenteigenschaften und Handlungskompetenzen, die zur relativ zeit- und situationsstabilen Dispositionsausstattung von Personen gehören [...], andererseits aber auch berufsrelevante Wertvorstellungen, Erfahrungen, Ressourcen des Elternhauses, Alter und Ausbildungshintergrund“) und *Einflüssen, die von sozialen Netzen und Beziehungsstrukturen ausgehen.*

Auch wenn sich die wesentlichen Bestimmungsgründe unternehmerischer Tätigkeit in beiden Fällen durchaus ähnlich sind, wird bereits anhand der uneinheitlichen Terminologie[4] das deutlich, was BRÜDERL ET AL [(1996), S. 20] als „eindeutige Dominanz der Empirie vor der Theorie“ oder gar als „Theoriedefizit“ konstatieren. Zwar scheint man sich zumindest

[4] „Merkmalsdimensionen“ vs. „Potentialfaktoren“ bzw. „Merkmalsdimensionen“ vs. „Einflüsse“

grundsätzlich einig zu sein, wo man nach personenbezogenen Erfolgsfaktoren zu suchen hat. Warum man allerdings genau dort und nicht an anderer Stelle sucht und wie die Ergebnisse zu interpretieren oder gar zu integrieren sind, bleibt ohne eine umfassende theoretische Fundierung aber oftmals durchaus fraglich:

„Da die einschlägigen empirischen Arbeiten auf recht heterogenen Populationen beruhen, in ihrer Mehrheit auf kleinen und nicht-repräsentativen Stichproben basieren und oft noch mit dem Problem des Survivor-Bias belastet sind, ergibt sich ein Gesamtbild des ‚Stands der Dinge', das reichlich verwirrend ist. [...] Die [...] Frustration über das ‚Verwirrspiel der empirischen Evidenzen' hat im ersten Schritt bewirk, daß die *Klage über das Theoriedefizit* zu einem Standardargument in der einschlägigen Forschung wurde, ohne daß man sich freilich ernsthaft auf die Suche nach anwendbaren Theorien begab." [BRÜDERL ET AL. (1996), S. 20]

Versuche, diesem Problem beizukommen, finden sich z. B. bei BRÜDERL ET AL. (1996), die die Betonung der Relevanz bestimmter Merkmalsvariablen mit den beteiligten wissenschaftlichen Disziplinen in Verbindung bringen. Während die Psychologie in erster Linie verhältnismäßig stabile *Persönlichkeitsattribute* (*trait approach*) zu Determinanten von Gründungsgeschehen und Gründungserfolg mache, betone die Ökonomie *personale Ressourcen und Qualifikationsmuster* (*Humankapital-Theorie*) als Ansatzpunkte einer wissenschaftlichen Auseinandersetzung mit der Person des Unternehmensgründers. Die Soziologie wiederum argumentiere häufig aus einer *Perspektive sozialer Netzwerke* (*network approach to entrepreneurship*) heraus und unterstreiche den Nutzen, den die Gründerperson aus der Einbettung in ein Netz umfassender sozialer Beziehungen ziehen kann.[5] Die Einigkeit im Hinblick auf die Erhebung *soziodemographischer Merkmale* wie Alter und Geschlecht sollte nicht darüber hinwegtäuschen, dass diese Merkmale ihre Attraktivität in erster Linie aus ihrer problemlosen Erhebbarkeit ziehen, gleichzeitig aber nur im Kontext anderer Variablen sinnvoll interpretiert werden können und daher für sich betrachtet kaum Aussagekraft besitzen.

[5] Vor diesem Hintergrund wird auch die Diskussion, ob das, was einen erfolgreichen Unternehmer ausmacht, *born or made* ist [vgl. ANDERSECK (2000)], von einer inhaltlichen Streitfrage im Rahmen eines multidisziplinären Forschungsfeldes zu einem (in diesem Fall tatsächlich interdisiziplinär geführten) Kampf um die Legitimation der eigenen fachlichen Herangehensweise. Das Eingeständnis, dass das, was einen erfolgreichen Unternehmer ausmacht, nicht ‚born' ist, psychologische Persönlichkeitsansätze genauso erübrigen wie die Feststellung, dass ein erfolgreicher Unternehmer nicht ‚gemacht' werden kann, eine ökonomische *Management School of Entrepreneurship* hinfällig machen würde.

Was lässt sich nun aus dem eben Beschriebenen für die personenbezogene Gründungsforschung folgern? Fragt man in Abhängigkeit von der Gründerperson nach der Motivation oder dem Erfolg von Unternehmensneugründungen, so hängt die Antwort wie so häufig nicht zuletzt davon ab, wo man sucht. Nach BRÜDERL ET AL. (1996) variiert der Suchkorridor gemäß der Interdisziplinarität des Forschungsfeldes mit den beteiligten Fachdisziplinen [vgl. dazu auch ANDERSECKs (2000) Begriff der *Scheinwerfertheorie*]. Während die einen die Persönlichkeit des Unternehmensgründers durchleuchten, um vermeintlich stabile Persönlichkeitsattribute der Gründerperson zu identifizieren, bringen andere persönliche Qualifikationsmerkmale in Zusammenhang mit Gründungsaktivität und Gründungserfolg. Dritte wiederum suchen im persönlichen Umfeld des Entrepreneurs nach Faktoren, die eine Unternehmensgründung begünstigen oder vergleichsweise aussichtsreich erscheinen lassen. Diese Differenzen sind zunächst einmal ausschließlich disziplinär bedingt. Ihre Überwindung ist daher nicht nur von vornherein ausgeschlossen sondern prinzipiell auch gar nicht erstrebenswert. Die dennoch notwendige Bildung eines theoretischen Überbaus muss daher eine Ebene höher ansetzen. Bevor es daran geht, Theorien mittlerer Reichweite unterschiedlichen disziplinären Ursprungs zu integrieren, muss zunächst einmal ein übergeordnetes Gedankengebäude errichtet werden, in das sich die unterschiedlichen Ansätze zumindest partiell integrieren lassen. Eine wechselseitige wissenschaftliche Befruchtung könnte wohl deutlich verbessert werden, wenn man sich z. B. über die grundlegende Frage einigen könnte, in welches Verhältnis man *Merkmale* und *Verhaltensweisen* von Unternehmensgründern zueinander setzt. Diese Frage prägt die personenzentrierte Gründungsforschung über die disziplinären Grenzen hinweg:

3.2 Theorie

Werfen wir noch einmal einen Blick zurück zu den im zweiten Abschnitt vorgestellten Unternehmerbildern: SCHUMPETERs Frage nach der funktionalen Rolle des Unternehmers mündet letztendlich mehr oder weniger in einem *Unternehmertypus sui generis*. Um seine Rolle als ‚moderner Industriekapitän' auszufüllen, benötigt er Fähigkeiten, die als keineswegs alltäglich zu begreifen sind. Die von den Sozialwissenschaften vorgelegten Entwürfe gehen in eine ähnliche Richtung und nehmen mit der Betonung einer unternehmerischen Leistungsorientierung ebenfalls relativ stabile Merkmale des potentiellen Gründers ins Visier. Als konsequente Folge ist eine in den 1960er Jahren beginnende Hinwendung zur Erforschung stabiler *Merkmale* einer als originär angenommenen Unternehmer*persönlichkeit* zu beobachten:

„The discipline's attention then shifted [...] to the *actors*, with McClelland's (1961) assertion that qualities associated with a high need for achievement – preference for challenge, acceptance of personal responsibility for outcomes, innovativeness – characterized successful initiators of new businesses. [...] a substantial amount of journal space has been devoted to the attempt to define ‚entrepreneurship', but no consensus has emerged." [SHAVER & SCOTT (1991) in Entrepreneurship – Theory and Practice, Winter 1991, S. 23]

Die im letzten Satz des vorangehenden Zitates anklingende Enttäuschung über den alles andere als erfolgreichen Versuch, Unternehmer und Nicht-Unternehmern voneinander abzugrenzen, führte spätestens mit GARTNER (1988) zu einem ‚behavioral shift', im Zuge dessen verstärkt das Handeln des Akteurs als *creation of organizations* in den Blickpunkt geriet:

„In behavioral approaches to the study of entrepreneurship an entrepreneur is seen as a set of activities involved in organization creation, while in trait approaches an entrepreneur is a set of personality traits and characteristics. [...] trait approaches have been unfruitful and [...] behavioral approaches will be a more productive perspective for future research in entrepreneurship." [GARTNER (1988) in American Journal of Small Business, Spring 1988, S. 12]

Abb. 3 Systematisierter Überblick über die zentralen Erklärungsansätze (eigene Darstellung)

	Gründermerkmale	Gründerverhalten
Gründungsaktivität	• trait approach • umweltorientierte Ansätze (psychodynamische Modelle und kulturelle Ansätze)	
Gründungserfolg	• trait approach • Humankapitaltheorie	• network approach to entrepreneurship

Wenngleich sich die Betonung der jeweiligen Sichtweise zweifelsohne zu einem gewissen Grad an den Grenzen der beteiligten Disziplinen orientiert, ist es doch noch immer der Gegensatz zwischen konkurrierenden ‚Merkmals-' und ‚Verhaltensansätzen', der die Forschung zur Gründerperson über die disziplinären Grenzen hinweg prägt. Da sich hinter diesem Diskurs eine fundamentale Auseinandersetzung über die wissenschaftliche Herangehensweise verbirgt, könnten beide Ansätze auch als die *Metatheorien der personenbezogenen Gründungsforschung* begriffen werden. Anhand dieser Auseinandersetzung werden im Folgenden die zentralen Erklärungsansätze zur Gründerperson systematisiert (vgl. Abb. 3, S. 14).

a Der Merkmalsansatz

Merkmale werden im allgemeinen Sprachgebrauch verstanden als *kennzeichnende Eigenschaften* mit einem vergleichsweise zeit- und situationsstabilen Charakter. Die Erklärungsansätze, die sich unter diesem Aspekt subsumieren lassen, befassen sich insbesondere mit der Frage nach personenbezogenen Eigenschaften des Gründers (Persönlichkeitsmerkmale, soziodemographische Merkmale, Qualifikationsmuster, ethnische Gruppenzugehörigkeit, usw.) und deren Auswirkungen auf den Prozess der Unternehmensgründung. Dabei kann das Augenmerk sowohl auf Gründungsaktivität wie auch auf Gründungserfolg liegen. Der vergleichsweise statische Charakter von Merkmalen und die daher relativ unproblematische Erhebung machen den Merkmalsansatz auch heute noch zur dominierenden Forschungstradition im Rahmen der personenbezogenen Gründungsforschung.

So postuliert z. B. der in der psychologischen *leadership-Forschung* verwurzelte **trait approach (‚Eigenschaftstheorie')**, dass es eben bestimmte Persönlichkeitsattribute sind, in denen sich der erfolgreiche Unternehmer von der übrigen Gesellschaft abhebt. Dabei stehen in der Regel Charaktereigenschaften und Wesenszüge im Vordergrund, die sich durch eine gewisse zeitliche und situative Stabilität auszeichnen (*traits*), während sich der erfolgreiche Unternehmer gerade durch die auf der interpersonalen Ebene existierenden Unterschiede bzgl. dieser Eigenschaften konstituiert. Die Nähe, die der trait approach damit zu SCHUMPETERS Unternehmertypus aufweist, ist so verblüffend wie offensichtlich. Das, was ANDERSECK [(2000), S. 11] als Gegenstand der *great-man-theories* bezeichnet, ist prinzipiell nichts anderes als ‚der moderne Typus des Industriekapitäns', der ‚Revolutionär der Wirtschaft', die herausragende Persönlichkeit, die bisher unbekannte Kombinationen durchsetzt (vgl. Abschnitt 2.1).

„In the trait approach the entrepreneur is assumed to be a particular personality type, a fixed state of existence, a describable species that one might find a picture of in a field guide [...]."(ebd., S. 12)

Abb. 4 dokumentiert beispielhaft einen der unzähligen Versuche, über die Erhebung von Persönlichkeitsmerkmalen tatsächliche von potentiellen Unternehmensgründern[6] zu unterscheiden. Von insgesamt 16 untersuchten Merkmalen ließen sich auf einem Signifikanzniveau von 5 Prozent für 5 der Merkmale tatsächlich Unterschiede nachweisen. KLANDT zufolge sind tatsächliche Unternehmensgründer also belastbarer, begeisterungsfähiger, individualistischer, weniger aufgeschlossen und innerlich weniger angespannt als potentielle Gründer. Zur allgemeinen Verwunderung wirkt sich ein hohes Maß an Aufgeschlossenheit zudem offensichtlich negativ auf das Ausmaß der Gründungsaktivität aus. Bereits anhand dieser Tabelle werden die Schwächen des trait approach deutlich: hochkomplexe Untersuchungsgegenstände – oder besser: Konstrukte, denn nichts anderes sind Persönlichkeitsattribute zunächst einmal – werden mit oftmals veralteten Messverfahren ebenso oft nur unzureichend genau erhoben, was häufig zu Ergebnissen führt, die sich aufgrund ihrer Widersprüchlichkeit jeglicher sinnvollen Interpretation entziehen. Darüber hinaus ist der Totalitätsanspruch des Ansatzes (Existenz einer situationsstabilen „Unternehmerpersönlichkeit") mit häufig auch im Fall von Unternehmern zu beobachtenden Brüchen in der Erwerbsbiographie grundsätzlich kaum in Einklang zu bringen [vgl. z. B. BRÜDERL ET AL. (1996), S. 35].

Abb. 4 Persönlichkeitsmerkmale und Gründungsaktivität [eigene Darstellung; Datenquelle: KLANDT (1984), S. 195]

	Gründer				Signifikanzniveau des Unterschiedes	Korrelation zur Gründungsaktivität
	potentielle		tatsächliche			
	x_{quer}	s	x_{quer}	s		
Belastbarkeit	4,8	1,85	5,5	1,76	0,05	0,16
Begeisterungsfähigkeit	6,2	2,72	7,1	2,56	0,05	0,18
Individualismus	5,9	2,04	6,6	1,87	0,05	0,18
Aufgeschlossenheit	5,9	1,88	5,3	1,66	0,05	-0,16
Innere Spannung	6,6	2,07	5,8	2,06	0,05	-0,21

Fragt man dennoch nach zumindest relativ stabilen Ergebnissen des trait approach, so führt der Weg unweigerlich zurück zu den Arbeiten David MCCLELLANDs (vgl. Abschnitt 2.2).

[6] zu Definition von ‚tatsächlichen' und ‚potentiellen' Unternehmensgründern, der verwendeten Datenbasis, usw. vgl. KLANDT (1984)

Gerade dessen *Leistungsmotivation* das in der psychologischen Gründungsforschung am besten ausgearbeitete und auch am durchgängigsten belegte Konzept [vgl. z. B. KLANDT (1984) und Abschnitt 2.2]. Aber dennoch existieren wiederum

„[...] Ergebnisse, die zeigen, daß Leistungsmotivation kein hinreichendes Merkmal zur Charakterisierung eines Unternehmers darstellt, da z. B. leitende Angestellte ebenfalls überdurchschnittlich leistungsorientiert sind.“ [BÜHLER (1999), S. 10]

Die Widersprüchlichkeit der Ergebnisse, aber auch ein an dieser Stelle deutlich werdendes Kausalitätsproblem setzte den Ansatz zwischenzeitlich auch innerhalb der Psychologie einer ernstzunehmenden Kritik aus. Nichts desto trotz erlebt der trait approach in einer leicht abgewandelten, etwas weniger totalitären Variante in den letzten Jahren eine gewisse Renaissance. Von dem Vorhaben, Unternehmer von Nicht-Unternehmern unterscheiden und damit die Gründungsaktivität erklären zu wollen, ist man zwar mittlerweile abgerückt. Stattdessen macht man die Unternehmerpersönlichkeit heute zur erklärenden Variablen des Gründungserfolgs [vgl. z. B. CIAVARELLA ET AL. (2004)]. Persönlichkeitsattribute wie die bereits angesprochene *Leistungsmotivation*, aber auch *interne Kontrollüberzeugung*, *Risikobereitschaft*, die *Fähigkeit, besser mit Unklarheiten umgehen zu können*, *interpersonelle Orientierung* oder *Problemorientierung* werden häufig mit erfolgreichen Unternehmensgründern in Verbindung gebracht [für Überblicke vgl. z. B. BÜHLER (1999), Kapitel 2 oder MÜLLER in ROSENSTIEL & LANG-VON WINS (Hrsg.) (1999), S. 15 ff].

Mit der Frage, woher die dem Unternehmensgründer zugeschriebenen Eigenschaften, Motivationen, Fähigkeiten, Werthaltungen und Einstellungen kommen, mündet die Forschung zur Person des Unternehmensgründers in den Strang **umweltorientierter Ansätze** ein. Während der trait approach die Existenz bestimmter Persönlichkeitsmerkmale mehr oder weniger als *a priori* vorhanden annimmt und diese Merkmale ausschließlich auf der Ebene des Individuums analysiert, schließen umweltorientierte Ansätze auch das Umfeld des Unternehmensgründers und situative Aspekte in ihre Betrachtung mit ein. Anders als in der neuen Variante der Eigenschaftstheorie steht hier vor allem die Frage im Mittelpunkt, *warum* ein bestimmtes Individuum zum Unternehmensgründer avanciert. Nicht zuletzt in diesem Aspekt wird auch die starke Verbindung zu den kultursoziologischen und psychologischen Unternehmerbildern WEBERs und MCCLELLANDs offenbar.

Auch tritt an dieser Stelle wieder die zu Beginn dieser Arbeit getroffene Unterscheidung in individuelle und kulturell-kollektive Einflusssphären zu Tage, die ihren Ausdruck in unterschiedlichen Erklärungsansätzen findet. Stärker in der *(Tiefen-) Psychologie* verwurzelte Ansätze argumentieren weiterhin auf der Ebene des Individuums und betonen die Einflüsse, die das unmittelbare (mikrosoziale) Umfeld (persönlichkeitsprägende Erfahrungen im Elternhaus, usw.) auf die Entwicklung des Individuums ausübt [z. B. DE VRIES (1977)]. Dagegen identifizieren kultursoziologisch argumentierende Theorien in der Tradition Max WEBERs die Einbettung des einzelnen Akteurs in ein besonders günstiges kulturelles Makro-Umfeld als möglichen Ansatzpunkt einer Erforschung personenbezogener Motivationen und Erfolgsfaktoren. Das Spektrum möglicher Bestimmungsgründe reicht in diesem Zusammenhang von kulturellen Unterschieden in der Legitimität von Unternehmertum [z. B. LIPSET (1967), DRAKOPOULOU DODD (2002)] über den günstigen Einfluss bestimmter soziokultureller Milieus [z. B. BECHHOFER & ELLIOT (1976)] bis hin zur Verbindung von Unternehmerneigung und Zugehörigkeit zu speziellen ethnischen Gruppen [z. B. LIGHT (1972)].

Auch die von den umweltorientierten Ansätzen vorgelegten Ergebnisse müssen letztlich aber eher zwiespältig beurteilt werden. Die Zentrierung um meist marginale Gruppen führt dazu, dass weder die psychologischen noch die kultursoziologischen Ansätze die Entscheidung für den Weg in die Selbständigkeit in einer angemessenen Allgemeingültigkeit erklären können [vgl. BÜHLER (1999), Kapitel 2].

Sog. *Disadvantage-Hypothesen* klammern quasi beide Gruppen ein, indem sie Benachteiligungen jeglicher Art als Grund für den Schritt in die Selbständigkeit hervorheben. „Die Bandbreite reicht von Statusinkonsistenz und Statusgefährdung, über relative Deprivation und versperrte Aufstiegsmöglichkeiten, bis hin zu speziellen Erfahrungen der Zurückweisung und Ablehnung in der Kindheit“ (PREISENDÖRFER in PREISENDÖRFER (Hrsg.) (1996), S. 14). Auch die Diskriminierung bestimmter ethnischer Gruppen oder sozialer Milieus kann hierzu gerechnet werden. Disadvantage-Hypothesen lassen sich zudem in ein *push-pull-framework* unternehmerischer Aktivität eingliedern. So unterscheidet z. B. „Bögenhold (1987) [...] zwischen ‚Selbständigen aus der Ökonomie der Not‘ und ‚Selbständigen aus der Ökonomie der Selbstverwirklichung‘, Stoner und Fry (1982) differenzieren zwischen einem ‚dissatisfaction‘ und einem ‚opportunity model of entrepreneurial motivation‘ [...]“ [PREISENDÖRFER in PREISENDÖRFER (Hrsg.) (1996), S. 14].

Mit der aus der Ökonomie entliehenen **Humankapitaltheorie** [Gary S. BECKER (1964), (1975)] liegt der wohl vielversprechendste Merkmalsansatz zur Erklärung des *Gründungserfolgs* vor. Ursprünglich entwickelt, um Einkommensunterschiede abhängig Beschäftigter auf der Grundlage von Produktivitätsunterschieden zu erklären, findet sie mittlerweile auch im Bereich der Gründungsforschung ein interessantes Anwendungsfeld [vgl. z. B. PREISENDÖRFER & VOSS (1990)]. Auch Humankapital ist zunächst einmal ein Konstrukt zur Erfassung aller Arten von Fähigkeiten, die die Arbeitsproduktivität und damit das potentielle und tatsächliche Einkommen eines Arbeitnehmers erhöhen. Die individuelle Humankapitalausstattung kann ökonomischen Denktraditionen zufolge durch Investitionen erhöht werden:

„The many forms of such investments include schooling, on-the-job training, medical care, migration, and searching for information about prices and income. [...] all these investments improve skills, knowledge, or health, and thereby raise money and psychic incomes." [BECKER (1964), S. 1]

Auch Fähigkeiten, die z. B. durch eine allgemeine schulische Bildung oder das Elternhaus vermittelt werden, können die Produktivität des Akteurs erhöhen, d. h. Investitionen müssen nicht zwangsläufig bewusst, gezielt oder gar und nach klaren Kosten-Nutzen-Kalkülen erfolgen.

Neben den *Produktivitätseffekten*, die in erster Linie während des Betreibens der Firma z. B. in einer effizienteren Organisation einer Unternehmensneugründung oder einer größeren Kompetenz im Umgang mit anderen Akteuren (Kunden, Lieferanten, Banken, Behörden, usw.) zu Tage treten können [vgl. BRÜDERL ET AL. (1996), S. 49], werden dem Humankapital auch mögliche *Selektionseffekte im Vorfeld der Gründung* zugeschrieben:

„Personen mit hohem Humankapital dürften eher in der Lage sein, Betriebe zu gründen, die von vorneherein bessere Erfolgsaussichten haben. Aufgrund ihres höheren Einkommens in vorherigen beruflichen Positionen können sie ihre Gründungen finanziell besser ausstatten. Aufgrund ihrer günstigeren beruflichen Plazierung haben sie eher Zugang zu Informationen über erfolgversprechende Marktnischen. Und aufgrund ihrer höheren Bildung fällt es ihnen möglicherweise leichter, die Gründung sorgfältig zu planen und deren Erfolgsaussichten prospektiv einzuschätzen." [ebd., S. 49 f.]

Die in der Literatur anzutreffende Differenzierung in *allgemeines*, *branchenspezifisches* und *unternehmerisches Humankapital* trägt der Annahme Rechnung, dass verschiedene Fähigkeiten vor allem im Bereich der Selbständigkeit keineswegs gleichberechtigt nebeneinander stehen müssen [vgl. z. B. BRÜDERL ET AL. (1996), 45 ff]. Allgemeines Humankapital erhöht die Produktivität des Akteurs unabhängig von seinem Erwerbsstatus oder der jeweiligen Branchenzugehörigkeit und wird zumeist über die Jahre der Schulbildung, den höchsten Schulabschluss oder die Jahre an Berufserfahrung operationalisiert. Unternehmerisches Humankapital ist der Selbständigkeit ebenfalls ohne Branchendifferenzierung förderlich und kann sich z. B. in einer der Gründung vorangehenden Erfahrung mit Selbständigkeit oder dem vorherigen Innehaben einer Vorgesetztenposition äußern. Mit branchenspezifischem Humankapital ist vor allem gemeint, ob und inwieweit der Unternehmensgründer in seiner bisherigen Berufsbiographie berufliche Erfahrungen in der Branche der Unternehmensgründung gesammelt hat. Hinsichtlich der erklärenden Relevanz der einzelnen Sorten von Humankapital im Hinblick auf den Gründungserfolg lässt sich konstatieren:

„Während vorherige Branchenerfahrung als Qualifikationsmerkmal von überragender Bedeutung ist, erweist sich frühere Selbständigkeitserfahrung als eher zweischneidig, und auch [...] Vorgesetzten- und Managementerfahrung bringen keine systematischen Effekte." [PREISENDÖRFER in PREISENDÖRFER (Hrsg.) (1996), S. 19]

Abb. 5 Branchenerfahrung als Schlüsselfaktor des Gründungserfolgs [eigene Darstellung, Datenquelle: BRÜDERL ET AL. (1996), S. 127]

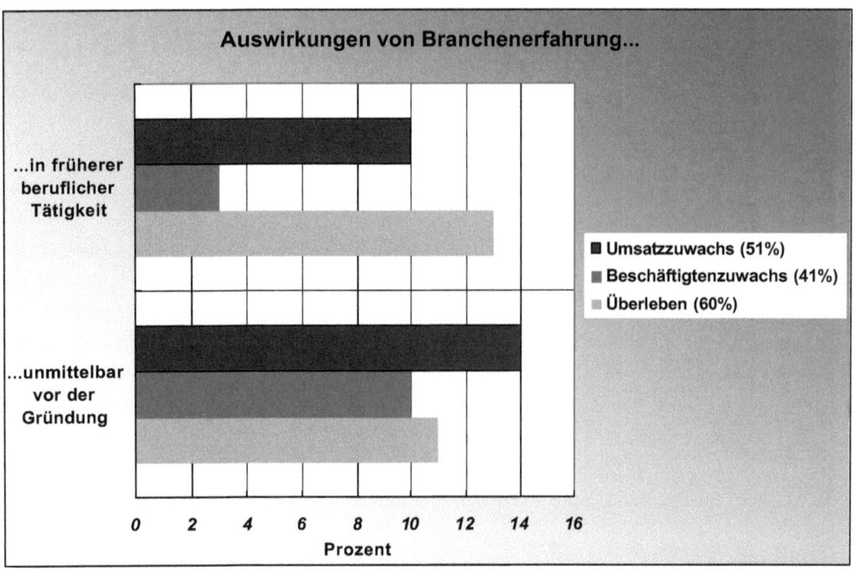

Die Schlüsselrolle, die der Faktor Branchenerfahrung nicht nur im Rahmen möglicher personenbezogener Qualifikationsmerkmale einnimmt, kommt auch in Abb. 5 (S. 20) zum Ausdruck. Sie fasst ein Ergebnis der Studie von BRÜDERL ET AL. zusammen, demzufolge Branchenerfahrung in jedem Fall einen positiven Einfluss auf die Erfolgschancen neugegründeter Unternehmen ausübt – unabhängig davon, zu welchem Zeitpunkt sie gesammelt wurde und welches Erfolgsmaß man der Beurteilung zugrunde legt.

Die Tatsache, dass das allgemeine und das unternehmerische Humankapital vergleichsweise inkonsistente Ergebnisse liefern, sollte eine weitere Stärke der Humankapitaltheorie nicht verdecken: die Humankapitalausstattung eines Individuums kovariiert häufig mit den aufgrund ihrer gesellschaftspolitischen Relevanz so eifrig erhobenen soziodemographischen Faktoren Alter, Geschlecht, vorherige Arbeitslosigkeit oder gar ethnische Gruppenzugehörigkeit. Wie z. B. BRÜDERL ET AL. ebenfalls nachweisen, sind Frauen – was Humankapitalressourcen angeht – signifikant schlechter ausgestattet als Männer (vgl. Abb. 6). Wenn in der Literatur häufig von reduzierten Überlebenschancen von Frauen-Betrieben die Rede ist, so lässt sich diese Aussage mit Hilfe der Humankapitaltheorie sinnvoll interpretieren. Geschlechts- und rollenspezifische Faktoren führen letztendlich dazu, dass Frauen, sofern sie sich z. B. dafür entscheiden, ein Kind zu bekommen, im Zeitraum der Mutterschaft aus dem Berufsleben ausscheiden und zumindest vorübergehend kein weiteres Humankapital akkumulieren. Dies gilt analog für Akteure, die Opfer von Arbeitslosigkeit werden, oder aufgrund ihrer nationalen oder sozialen Herkunft eine vergleichsweise schlechte schulische Bildung genossen haben. Auf diese Weise können die vergleichsweise ungünstigeren Erfolgsaussichten von Gründern aus diesen Gruppen plausibel gemacht werden.

Abb. 6: Humankapitalausstattung von Gründerinnen und Gründern [eigene Darstellung; Datenquelle: BRÜDERL ET AL. (1996), S. 141]

	Frauen	Männer
Bildungsjahre	12,3	13,5
Jahre Berufserfahrung	13,2	15,1
Branchenerfahrung	51 %	59 %
Selbständigkeitserfahrung	18 %	35 %
Vorgesetztenerfahrung	41 %	57 %

Darüber hinaus kann mit Hilfe der Humankapitaltheorie auch ein Zusammenhang zwischen dem Alter der Gründerperson und den Erfolgsaussichten der Unternehmensneugründung modelliert werden. Wie im Abschnitt zu den empirischen Befunden dargelegt wurde, rekrutieren sich Unternehmensgründer bevorzugt aus mittleren Altersklassen (30-40 Jahre). Dies lässt sich mit Hilfe eines – der ursprünglichen Humankapitaltheorie BECKERs (1975) zugrunde gelegten – konkaven Berufserfahrungs-Einkommens-Profils erklären. In Anwendung auf die Erfolgsaussichten von Unternehmensgründungen bedeutet diese: in jüngeren Jahren hat die Gründerperson noch nicht ausreichend viel Humankapital akkumuliert, im höheren Alter verringern vermutete Abschreibungseffekte auf Humankapital die Erfolgsaussichten [für eine detailliertere Darstellung vgl. BRÜDERL ET AL. (1996), S. 125].

b Der Verhaltensansatz

Die vor allem an den psychologischen Ansätzen zur Gründerperson ansetzende Kritik am Versuch, Unternehmensgründer aus statischen Merkmalen heraus identifizieren zu wollen, führte im Rahmen der personenorientierten Gründungsforschung letztendlich eine Art Rückbesinnung herbei. Ideengeschichtlich an das funktionale Unternehmerbild (‚Was tut ein Unternehmer?', vgl. Abschnitt 2.1) anknüpfend, warf spätestens GARTNER (1988) die Frage auf, ob nicht das Handeln des Gründers der tatsächliche gemeinsame Nenner aller Unternehmensgründungen und damit ein gewinnbringenderer Ansatzpunkt für die Gründungsforschung sei. Auf die Frage nach dem Wesens des Untersuchungsgegenstands ‚Unternehmensgründung' lautete nun die einhellige Antwort: „Entrepreneurship is the creation of organizations." [vgl. z. B. GARTNER (1988), BYGRAVE & HOFER (1991)]. Dies führte zunächst wiederum in der psychologischen Gründungsforschung zu einem Paradigmenwechsel:

> „Diese Perspektive schlägt sich u. a. in komplexeren psychologischen Modellen nieder, in denen eine Firmengründung das Ergebnis eines Prozesses ist, der durch die Persönlichkeit der Gründerperson, durch objektive Umweltfaktoren, subjektive Wahrnehmungen und individuelle Wahlentscheidungen beeinflußt wird." [BÜHLER (1999), S. 13, vgl. dazu z. B. SHAVER & SCOTT (1991)]

Eine detailliertere Vorstellung entsprechender psychologischer Ansätze erübrigt sich an dieser Stelle aufgrund ihrer Komplexität. Der interessierte Leser sei z. B. an SHAVER & SCOTT (1991) oder BYGRAVE & HOFER (1991) verwiesen. Außerhalb der Psychologie stieß die

Forderung, die personenbezogene Gründungsforschung um das Handeln des Akteurs zu zentrieren, nur bedingt auf Gehör. Noch heute hat sich diese Sichtweise mit Problemen zu kämpfen:

„Although the behavioral view of entrepreneurship is not new, it seems that it has always been a difficult view to maintain.“ [Gartner (1988) in American Journal of Small Business, Spring 1988, S. 22]

Die zögerliche Annahme des Verhaltensansatzes mag in erster Linie auf die Attraktivität des Merkmalsansatzes im Bereich der Operationalisierung und der Variablenerhebung zurückzuführen sein. Ein relativ viel versprechender Ansatz sei an dieser Stelle dennoch kurz vorgestellt:

Der **network approach to entrepreneurship** basiert auf der grundlegenden Annahme, dass Akteure – und damit auch Unternehmensgründer – in typische Muster von spezifischen und konkreten sozialen Beziehungen eingebunden sind. „Beim Aufbau eines neuen Betriebes müssen bestehende soziale Kontakte aktiviert und neue soziale Kontakte hergestellt werden [...]“ [BRÜDERL ET AL. (1996), S. 52]. Die Art der Beziehungen zu anderen Akteuren im sozialen Umfeld wird als wichtig für die Gründung und den Erfolg des Unternehmens eingeschätzt. Diese Heuristik wird mit Hilfe von zwei Annahmen zu einer These verdichtet: (1) Akteure, die ein Unternehmen gründen wollen, suchen ihre Umwelt nach gründungsrelevanten Informationen und Ressourcen ab. Sie benötigen Wissen (über Marktmöglichkeiten, Produkt- und Geschäftsideen, potentielle Kunden, Lieferanten, Kreditgeber oder Mitarbeiter), konkrete Ressourcen (z. B. finanzielles Kapital), die unbezahlte, aber dennoch tatkräftige Mitarbeit im Unternehmen oder emotionale Unterstützung. (2) Die Akteure suchen und beziehen diese Leistungen innerhalb ihres gewachsenen sozialen Netzwerks. Die bestehenden sozialen Beziehungen zu Familienmitgliedern, Verwandten, Freunden, Bekannten oder Arbeitskollegen sind dabei die bevorzugten Bezugsquellen externer Ressourcen [vgl. z. B. ALDRICH & ZIMMER (1986)]. Diese Ressourcen bilden in Gegenüberstellung zur Humankapitaltheorie das *soziale Kapital* des Unternehmensgründers:

„Durch die Existenz sozialen Kapitals können Akteure ihre Ziele einfacher oder zu geringeren Kosten erreichen bzw. bestimmte Ziele überhaupt erst in Angriff nehmen. Soziales Kapital erfaßt somit den Mechanismus, warum aus sozialen Beziehungen Opportunitäten und Restriktionen für Handlungen erwachsen. Nicht die Beziehungen an sich, sondern das finanzielle, materielle, humane und wiederum soziale Kapital der Netzwerkmitglieder bildet das soziale Kapital einer Person." [BÜHLER (1999), S. 28]

In Anlehnung an den ,Vater' der Netzwerktheorie – den Soziologen Marc GRANOVETTER (z. B. 1983) – wird auch hier häufig zwischen ,weak ties' und ,strong ties' differenziert, wonach vor allem schwache soziale Bindungen (,weak ties') für den Bezug gründungsrelevanter Informationen verantwortlich sind.

Abb. 7 Betriebliche Überlebenschancen in Abhängigkeit von Unterstützungsleistungen aus dem sozialen Netzwerk [eigene Darstellung; Datenquelle: BRÜDERL ET AL. (1996), S. 135]

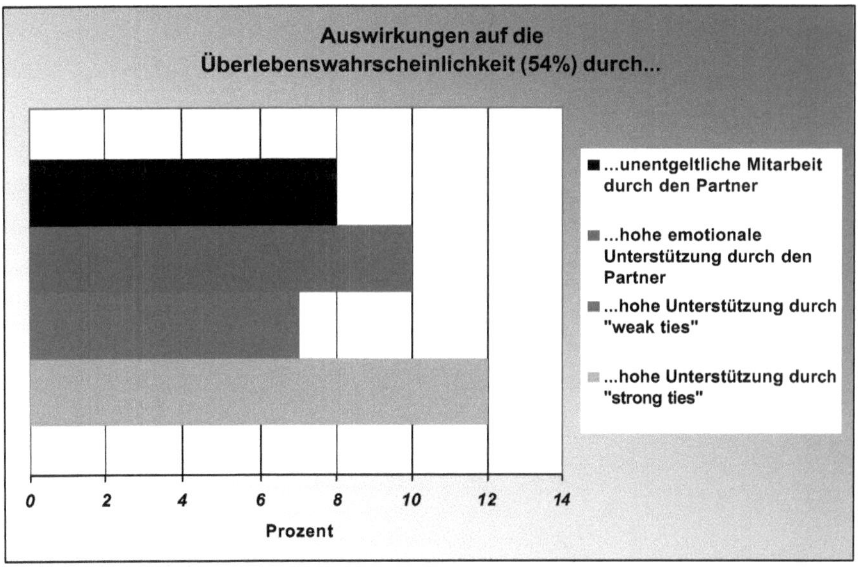

Die im vorangehenden Zitat anklingende Analogiebildung zwischen Human- und Sozialkapital wirft die berechtigte Frage auf, ob nicht auch das mikrosoziale Umfeld damit eher als ein *Merkmal* des Akteurs konstruiert wird. Dies ist zunächst einmal eine Sache des Blickwinkels. Stellt man eher auf allgemeine Charakteristika des sozialen Netzwerks von Unternehmensgründern ab [Größe (,network size'), Vielgestaltigkeit (,network diversity'), relationale und positionale Aspekte, vgl. z. B. BÜHLER (1999)], so mag dies durchaus zutreffen. Fragt man jedoch danach, in welchem Ausmaß ein Unternehmensgründer in der Gründungs-

und Anfangsphase welche sozialen Bindungen aktiviert, so rückt das Verhalten des Akteurs in den Vordergrund.

Abb. 7 (S. 24) zeigt einige Ergebnisse der umfangreichen Studie von BRÜDERL ET AL. (1996), die den Zusammenhang zwischen der Mobilisierung sozialer Kontakte und den Erfolgsaussichten einer Unternehmensgründung analysieren. Demzufolge haben Unternehmen, deren Gründern es gelingt, hohe Unterstützungsleistungen aus ihrem mikrosoziales Umfeld für die Gründung fruchtbar zu machen, in jedem Fall höhere Aussichten auf Überleben (im übrigen auch auf Beschäftigten- und Umsatzzuwachs, vgl. BRÜDERL ET AL. (1996), S. 135] als solche ohne Unterstützung aus dem persönlichen Netzwerk des Gründers. Besonders hervorzuheben ist in diesem Zusammenhang, dass neben der der Unterstützung durch starke und schwache soziale Bindungen auch eine hohe emotionale Unterstützung und eine unentgeltliche Mitarbeit durch den Partner signifikante Effekte bringen. Dies soll jedoch nicht zu der Annahme verleiten, dass mit der Anwendung der Netzwerktheorie in der Gründungsforschung ein neues Wunder-mittel zu Erklärung des Gründungserfolgs gefunden sei. Wie für andere Theorieansätze gilt auch hier, dass sich auch hier die empirischen Befunde keineswegs durch ein allzu hohes Maß an Konsistenz auszeichnen [für Beispiele aktueller Studien vgl. z. B. JACK & ANDERSON (2002) und DAVIDSSON & HONIG (2003)].

4 Zwischenfazit

Die Diskussion der der personenzentrierten Gründungsforschung zugrunde liegenden anthropologischen Prämissen und der Anwendung findenden Erklärungsansätze hat die beiden zentralen Probleme, die der Forschungsrichtung grundsätzlich inhärent sind, offenbart:

(1) Probleme bei der theoretischen Fundierung des Erkenntnisobjekts

(2) inkonsistente Ergebnisse

Im Folgenden sollen die konkreten Hindernisse der personenorientierten Gründungsforschung nochmals explizit gemacht und mögliche Ansatzpunkte für ihre Überwindung aufgezeigt werden. Die Möglichkeiten für eine Realisierung dieser ‚Verbesserungsvorschläge' werden im nächsten Abschnitt anhand einer zu diesem Zweck durchgeführten empirischen Untersuchung diskutiert.

(1)

Wie sich gezeigt hat, ist der eingangs formulierten und häufig geforderten analytischen Trennung von Prozessen der Gründungsaktivität und des Gründungserfolgs vor allem konzeptionell nur sehr schwer nachzukommen, da z. B. das individuelle Gründungsgeschehen auch immer eine Funktion des subjektiv erwarteten Gründungserfolgs ist. Für den Bereich der **Gründungsaktivität** bietet es sich daher an, bereichsspezifische Erklärungsansätze wie das *push-pull-framework* grundsätzlich beizubehalten, theoretische Perspektiven, die gleichzeitig auch zur Erklärung des Gründungserfolgs herangezogen werden (z. B. Humankapitaltheorie), aus der Forschung zur Gründungsaktivität auszuschließen. Andernfalls wird man immer Gefahr laufen, eine wenig fruchtbare und zu Recht häufig kritisierte Differenzierung von Gründern und Nicht-Gründern anhand spezifischer Merkmale vorzunehmen. Zu dieser Problematik lässt sich außerdem ergänzen: die vor allem den traditionellen psychologischen Erklärungsansätzen zugrunde liegenden Unternehmerkonzeptionen zeichnen sich durch eine Argumentationsweise aus, die aus heutiger Sicht wohl als antiquiert bezeichnet werden muss. Eine Perspektive, die Unternehmertum als das Privileg einer ausgewählten Gruppe von Führungspersönlichkeiten konstruiert, widerspricht einer empirischen Realität, die Selbständigkeit als etwas gar nicht so außergewöhnliches darstellt. Schon allein aus diesem Grund möchte man BRÜDERL ET AL. Recht geben, wenn sie konsequent folgern:

„All dies läßt es angebracht erscheinen, in der weiteren Gründungsforschung den ökonomischen und soziologischen Ansätzen zur Person des Unternehmensgründers den Vorzug zu geben." [BRÜDERL ET AL. (1996), S. 42]

Einer zweiten – wenngleich wohl ohnehin nicht so absolutistisch gemeinten – Forderung muss wohl mit einem gewissen Maß an Skepsis begegnet werden:

„Ansonsten legen es die Ergebnisse [...] nahe, bei der Person des Gründers von einem ‚Merkmals-' zu einem ‚Verhaltensansatz' überzugehen. Dies in dem Sinne, daß man nicht einfache soziodemographische Merkmale (Geschlecht, Nationalität, Alter) und mehr oder weniger fixe Personenattribute (Leistungsmotivation) betrachtet, sondern konkrete Verhaltensweisen der Akteure ins Blickfeld nimmt." (ebd., S. 278)

Abb. 8 Komplementäransatz zur Integration von Merkmals- und Verhaltensansatz

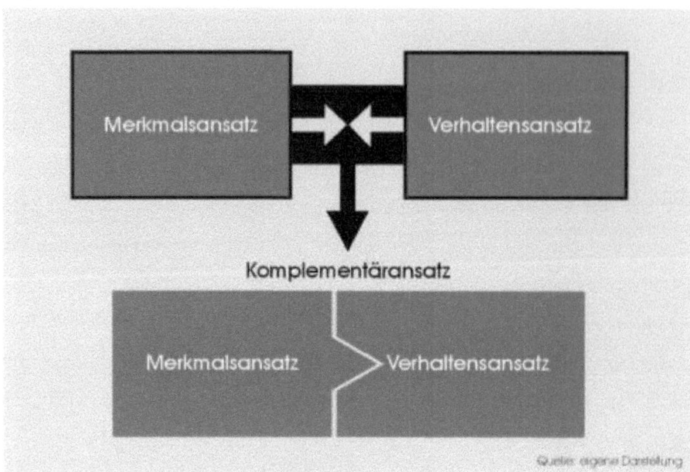

Eine vollständige Abkehr von der Erhebung stabiler Unternehmermerkmale würde aber implizieren, einen Großteil der Forschungsergebnisse der vergangenen vier Jahrzehnte über Bord zu werfen, während gerade mit der Humankapitaltheorie ein durchaus viel versprechender Merkmalsansatz zur Erklärung des **Gründungserfolgs** vorliegt. Zudem ist es auch gesellschaftspolitisch kaum vorstellbar, Gründungserfolg *ohne* Faktoren wie Geschlecht,

Nationalität oder Alter zu untersuchen. Auch diese Variablen lassen sich mit Hilfe der Humankapitaltheorie in einer angemessenen Art und Weise interpretieren. Angesichts der vielschichtigen Wechselbeziehungen und Einflussgrößen, die die personenbezogene Gründungsforschung charakterisieren und gleichzeitig so problematisch machen, liegt die Lösung wohl nicht darin, eine Metatheorie durch eine andere zu ersetzen. Stattdessen sollte versucht werden, Merkmals- und Verhaltensansatz miteinander zu verknüpfen. Hier böte sich vielleicht eine Art *Komplementäransatz* an, demzufolge sich das Gründerindividuum diejenigen Erfolgsfaktoren, die ihm aufgrund seiner *Merkmalsausstattung* in einem nicht ausreichendem Maße zur Verfügung stehen, durch bestimmte *Verhaltensweisen* verschaffen kann (vgl. Abb. 8, S. 27). So könnte z. B. soziales Kapital als das der Gründerperson mangelnde Humankapital konzipiert werden, das die Gründerperson von anderen Akteuren durch sein Handeln für sich verfügbar macht – natürlich nicht ohne den Verlust einiger theoretischer Bausteine wie z. B. der emotionalen Unterstützung durch das soziale Umfeld. In anderen Bereichen wäre eine Verknüpfung aber durchaus möglich. Die von der Humankapitaltheorie angenommenen Produktivitätseffekte lassen sich ohne weiteres auch mit Hilfe des Netzwerkansatzes modellieren: mangelt es der Gründerperson an dem Wissen oder der branchenspezifischen Erfahrung, die zum effizienten Führen des Unternehmens notwendig sind, so kann sie zumindest versuchen, dieses Manko durch die Konsultation eines besser ausgestatteten Bekannten auszumerzen. Eine Operationalisierung dieses Prozesses könnte relativ problemlos geleistet werden, indem zusätzlich zur Humankapitalausstattung der Gründerperson auch diejenige des Unterstützenden erhoben würde. Auch die mit dem Humankapital verbundenen Selektionseffekte ließen sich zu großen Teilen auf den Netzwerkansatz übertragen. Eine angenommene verbesserte finanzielle Ausstattung der Unternehmensgründung kann z. B. prinzipiell auch durch Kapital aus dem Freundes- oder Bekanntenkreis geleistet werden. Dass es durchaus lohnend sein könnte, Merkmale und Verhalten zueinander in dieses Verhältnis zu setzen, zeigt auch die Empirie:

„Die aus empirischen Studien (z. B. in der Forschung über Betriebsgründungen ethnischer Minoritäten) vorliegenden Beschreibungen der Netzwerkaktivitäten von Unternehmensgründern vermitteln insgesamt den Eindruck, daß sich eher diejenigen Gründer um eine Aktivierung und Einbindung ihrer sozialen Beziehungen bemühen, die tendenziell die schlechteren Ausgangschancen haben." [BRÜDERL ET AL. (1996), S. 55]

(2)

Die häufig zu beobachtende empirische Inkonsistenz steht zum einen sicherlich in enger Verbindung mit den eben nochmals vergegenwärtigten theoretischen Defiziten. Ein weiterer wichtiger Bestimmungsgrund ist aber in jedem Fall die strukturelle und zeitliche Überhöhung der Analyseebene. BRÜDERL ET AL haben durchaus Recht, wenn sie feststellen:

„Was von einem Unternehmensgründer an personalen Ressourcen verlangt wird, dürfte ja nach Art des gegründeten Betriebes sehr unterschiedlich sein.“ [ebd., S. 34]

Mindestens ebenso sehr wie durch die Art des Unternehmens werden die Anforderungen an die Gründerperson allerdings determiniert durch die Branche der Unternehmensgründung. So ist durchaus anzunehmen, dass der Erklärungswert einzelner Ansätze stark mit der Branchenzugehörigkeit des Unternehmens variiert. Ohne die eben angeregte wechselseitige Substitutionsfähigkeit von Human- und Sozialkapital in Frage zu stellen, ist wohl durchaus anzunehmen, dass das Verhältnis, in dem beide Faktoren von der Gründerperson gefordert werden, in technologieorientierten Branchen deutlich anders gelagert ist als z. B. in der Gastronomie. Nicht nur die Tatsache, dass sich die Branchenerfahrung in vielen empirischen Studien als personenbezogener Schlüsselfaktor herauskristallisiert hat, legt eine Veränderung der Analyse auf die Branchenebene nahe:

„Was [...] die Bedeutung von Umfeldbedingungen für den Erfolg von Betriebsgründungen anbelangt, konnte [...] gezeigt werden, daß – auch bei Kontrolle der anderen Merkmale – noch deutliche Effekte der Gründungsbranche verbleiben.“ [ebd., S. 279]

Und dennoch:

„In seiner Grundstruktur folgt der betriebliche Erfolgsprozeß gleichwohl einem weitgehend ähnlichen Muster, so daß es nicht notwendig erscheint, von vornherein mit unterschiedlichen theoretischen Modellen der Erfolgsdeterminanten (z. B. für unterschiedliche Gründungsbranchen) anzutreten.“ [ebd., S. 277]

Dies mag durchaus gelten für umfassende Studien, die sowohl personen- wie auch betriebs- und umfeldbezogene Faktoren berücksichtigen. Dennoch bietet es sich für den Bereich der personenbezogenen Gründungsforschung an, branchenspezifisch vorzugehen und Unternehmen mit identischer Branchenzugehörigkeit und ähnlichem Gründungszeitpunkt zu analysieren. Auf diese Weise könnten in einem explorativen Sinne die volkswirtschaftlichen Rahmenbedingungen und die Anforderungen an die Gründerperson relativ konstant gehalten und tiefere Einblicke in die tatsächlichen Wirkungszusammenhänge der verschiedenen personenbezogenen Faktoren gewonnen werden. Auf dieser Grundlage sollte es möglich sein, auch die konzeptionelle Fundierung der Forschungsrichtung voranzutreiben.

5 Eigene Untersuchung

In den Darlegungen in Abschnitt 4 wurden zwei Vorschläge für eine ‚bessere personenzentrierte Gründungsforschung' gemacht: zum einen wurde angeregt, Merkmale (insb. die Humankapitalausstattung) und Verhaltensweisen (insb. die Aktivierung sozialer Kontakte) der Gründerperson als einander ergänzend zu betrachten. Zum zweiten wurde angesichts der oftmals unbefriedigenden Befunde vorgeschlagen, zumindest die empirische Analyse auf die Branchenebene zu verlegen. Der ebenfalls bereits in Abschnitt 4 angenommene Nutzen dieses Vorgehens sollte durch eine eigens durchgeführte qualitative Untersuchung überprüft werden. Um eine Vergleichbarkeit der Ergebnisse zu gewährleisten, wurden fünf Unternehmen aus der IT-Branche ausgewählt, die allesamt im Zeitraum der Boomphase zwischen 1996 und 1999 gegründet wurden und sich damit im Gründungszeitraum mit den gleichen volkswirtschaftlichen und branchenspezifischen Rahmenbedingungen konfrontiert sahen (Namen aus Gründen des Datenschutzes unkenntlich gemacht):

- **Unternehmen A**: Internetdienstleistungen und ED-Dienstleistungen, Regensburg
- **Unternehmen B**: Internetdienstleistungen, Cham
- **Unternehmen C** bzw. **D**: Internetdienstleistungen, Marktforschung, Regensburg
- **Unternehmen E**: Lösungen für Optimierungsaufgaben, Regensburg

Zunächst wurden in Anknüpfung an Abschnitt 4 zwei Arbeitsthesen aufgestellt:

(1) Für die vergleichsweise technologieorientierte IT-Branche ist mit einer hohen Relevanz der branchenspezischen Humankapitalausstattung der Gründerperson zu rechnen. Der Mobilisierung sozialen Kapitals kommt dagegen vermutlich eine *vergleichsweise* untergeordnete Bedeutung zu.

(2) Etwaige Mängel in der Humankapitalausstattung des Unternehmensgründers können durch ein vergleichsweise überdurchschnittliches Maß an sozialem Kapital substituiert werden.

Die qualitativen Befragungen wurden mit einem nicht standardisierten Fragebogen durchgeführt, auf dem im Sinne einer effizienten Aufzeichnung die vermutlich plausibelsten – da der einschlägigen Literatur entnommenen – Antwortmöglichkeiten vorgegeben waren. Um die Darstellung der Befragungsergebnisse prägnant zu halten, sei zunächst anhand der Unternehmen C und D einzelne Fallbeispiele detailliert wiedergegeben. Im Anschluss werden die zentralen Ergebnisse im Überblick dargestellt.

Unternehmen C bzw. D

Unternehmen C wurde im Jahre 1997 von Michael D. ins Leben gerufen. Das Aufgabenspektrum umfasste zu Beginn das Erstellen von Websites und andere Internetdienstleistungen. Im Jahr 2002 wurde das Unternehmen unter anderem Namen in eine GmbH umgewandelt (Unternehmen D) und wird seitdem im Team von Michael D. und seiner ehemaligen Angestellten und jetzigen Geschäftspartnerin Frau Sandra W. gemeinschaftlich geführt.

Auf die Frage nach den Gründen, die Herrn D. 1997 im Alter von 26 Jahren zum Schritt in die Selbständigkeit veranlassten, lautet die sehr pragmatische Antwort, dass das Programmieren von Internetseiten, mit dem er sich bis zu diesem Zeitpunkt sein Studium finanziert hatte, Dimensionen anzunehmen begann, die eine Gewerbeanmeldung einfach erforderlich machten. Die Tatsache, dass er das Dienstleistungsunternehmen zumindest in der Anfangsphase neben dem Studium führte, belegt, dass sich Herr D. selbst nach der erfolgten Gründung noch keineswegs mit seinem künftigen Erwerbsstatus als Selbständiger abgefunden hatte.

Michael D. hatte in Fulda seine Schullaufbahn zunächst mit der Mittleren Reife beendet. Nach einer dualen Ausbildung zum Steuerassistenten bei der dort ansässigen Schilling-Bank entschied er sich dafür, die Fachhochschulreife zu erlangen. Es folgte zunächst ein Studium an der Moosbach Akademie, durch das Herr D. zum Betriebswirt avancierte. Mit der eigentlichen Zielsetzung, sein späteres Berufsleben im Bereich der Personalberatung zu gestalten, kam er nach Regensburg, wo er 1995 an der Universität ein Psychologie-Studium aufnahm. Nach der Gründung von Unternehmen C im Jahre 1997 entschied er sich, das Studium nach dem Bestehen des Vordiploms abzubrechen und sich von nun an in vollen Zügen seinem Unternehmen zu widmen. Nach eigenen Angaben kam ihm dabei seine schulische und berufliche Erfahrung in höchstem Maße zugute. Neben dem eigentlichen branchenspezifischen Aufgabenfeld ‚Internetprogrammierung', das er mit in Eigeninitiative erworbenen Kenntnissen bewältigte, konnte er nahezu alle Tätigkeitsfelder eigenständig übernehmen. Aufgrund seiner Banklehre und seines betriebswirtschaftlichen Studiums war es für ihn vergleichsweise unproblematisch, auch die zu Beginn ohnehin eher spärlich anfallenden unternehmerischen Aufgaben zu lösen. Als das Unternehmen im Laufe der Zeit auf einem Wachstumskurs steuerte und Herr D. in die Situation versetzt wurde, erste Angestellte einzustellen, konnte er von seinen im Psychologie-Studium erworbenen Kenntnissen durchaus profitieren.

Herr D. gab an, aus den Kontakten, die er während seiner Zeit an der Universität Regensburg geknüpft hatte, einen gewissen Nutzen gezogen zu haben. Zum einen konnte er einige seiner ehemaligen Studienkollegen als Kunden gewinnen, zum anderen erwuchsen aus den Bekanntschaften zum Teil Kooperationen, die es ihm ermöglichten, das Leistungsspektrum seines Unternehmens auszuweiten. Allerdings relativierte er Bedeutung, die diese persönlichen Kontakte zumindest in der Zeit während und im unmittelbaren Anschluss an die Gründung tatsächlich hatten, da die gesamtwirtschaftlichen und branchenspezifischen Rahmenbedingungen so günstig waren, dass ein Mangel an Kunden effektiv nicht bestand.

In diesem Zusammenhang sieht Herr D. auch die grundsätzlichen Erfolgsfaktoren seiner Gründung. An erster Stelle stehen hierbei die eben beschriebenen Rahmenbedingungen. Ein weiterer branchenspezifischer Faktor war neben der hohen Nachfrage nach Internetdienstleistungen die geringe Kapitalintensität der Gründungsbranche. Außer einem Computer mit Internetanschluss und einem Raum, den man zu repräsentativen Anlässen nutzen konnte, bestand keine Notwendigkeit für finanzielle Investitionen. Daraus resultierend war das finanzielle Risiko und damit auch die Vorbehalte gegenüber dem Schritt in die Selbständigkeit alles andere als gewaltig. Auch im Falle eines Scheiterns wäre Herr D. nach eigenen Angaben wohl nicht in eine finanzielle Notlage geraten. In diesem Kontext ist auch zu verstehen, warum ‚traditionelle Leistungen aus dem sozialen Netzwerk' wie z. B. die emotionale Unterstützung oder finanzieller Rückhalt seitens des Partners bzw. aus dem Freundes- und Bekanntenkreis von eher untergeordneter Bedeutung war.

Zusammenschau der zentralen Ergebnisse

Insgesamt wurde erstaunlich einheitlich die Diskrepanz zwischen einem branchenspezifischen Überangebot an Nachfragern und dem gemessen daran deutlich reduzierten Angebot an Dienstleistern als wesentlicher Erfolgsfaktor der Unternehmensgründungen benannt. Damit kann zumindest in diesem Fall von einer eindeutigen **Dominanz situativer Faktoren** ausgegangen werden. Ein hohes Maß an **Humankapitalausstattung** – in erster Linie wiederum der Faktor ‚Branchenerfahrung' – wurde von allen Befragten **als Grundvoraussetzung** einer Selbständigkeit im IT-Bereich eingestuft und war auch flächendeckend vorhanden – vier der fünf Befragten konnten einen verwertbaren Universitätsabschluss vorweisen. Darüber hinaus hatte man in der Regel bereits Erfahrungen in der Gründungsbranche gesammelt. Diese Erfahrungen waren nicht immer positiv: mehrere Befragte gaben an, die standardisierten Arbeitsabläufe und das ‚Stempeluhrdenken' in großen Unternehmen wären wenngleich kein zentraler Beweggrund, so doch zumindest ein Anreiz für den Schritt in die Selbständigkeit gewesen. Entgegen den häufig in der Literatur anzutreffenden Ergebnissen wurde hier ein **deutlicher Einfluss von push-Faktoren** unumwunden zugegeben. Hinsichtlich personenbezogener Erfolgsfaktoren ließen sich zwei Faktoren ausmachen: zum einen seien Fleiß und Leistungsbereitschaft von hoher Bedeutung, zum anderen seien aber auch **Flexibilität und die Bereitschaft, sich eigenverantwortlich in neue Themenbereiche einzuarbeiten**, sehr wichtige Bestimmungsgründe des unternehmerischen Erfolgs. Dies gilt vor allem dann, wenn die situativen Rahmenbedingungen sich so rapide verschlechtern, wie es in den vergangenen Jahren der Fall war. Sowohl der befragte Vertreter der Firma A als auch Michael D. gaben an, sie hätten die konjunkturelle Flaute der vergangenen Jahre nur deshalb überstanden, weil sie über die Etablierung eines zweiten Standbeins (Unternehmen A: elektronische Datenübermittlung; Unternehmen D: Marktforschung) eine Diversifizierung ihrer Kundenbasis vollzogen hätten. Auch hierin zeigt sich die überragende Bedeutung einer überdurchschnittlichen Humankapitalausstattung. Bezüglich der Aktivierung sozialer Beziehungen lassen sich gegenüber der Literatur eher widersprüchliche Ergebnisse konstatieren. ‚Traditionelle Leistungen' des sozialen Netzwerks (emotionale und finanzielle Unterstützung, Informationen über Marktnischen, usw.) wurden in keinem der Fälle explizit hervorgehoben. Allerdings gaben zwei der Befragten an, das persönliche **Umfeld als Suchraum für Gründungspartner** genutzt zu haben, und auch fündig geworden zu sein.

6 Ergebnis

Das Ergebnis der empirischen Untersuchung ist in Teilen durchaus ansprechend. Die erste Arbeitsthese bestätigend hat sich tatsächlich eine überragende Bedeutung der Humankapitalausstattung der Gründerperson herausgestellt. Demgegenüber steht eine vergleichsweise untergeordnete Relevanz von Leistungen aus dem mikrosozialen Umfeld des Unternehmensgründers. Die ungewohnt einheitlichen Ergebnisse bestätigen den Verdacht, dass eine Veränderung der Analyseebene zugunsten der Branche der Unternehmensgründung tatsächlich Fortschritte in der personenorientierten Gründungsforschung katalysieren könnte. Dies müsste in quantitativen Studien überprüft werden.

Ein erster Nutzen dieser veränderten Analyseebene scheint sich bereits anzudeuten in der Erkenntnis, dass situative Faktoren wie volkswirtschaftliche und branchenspezifische Rahmenbedingungen den Erklärungsgehalt der personenzentrierten Ansätze in entscheidendem Maße mitbestimmen. Vor diesem Hintergrund ließe sich der in Abschnitt 4 vorgeschlagene Komplementäransatz um eine weitere – wenngleich in ihrer Operationalisierung sicherlich nicht so problemlos zu integrierende – Komponente erweitern. Je besser die strukturellen Rahmenbedingungen der Unternehmensgründung sind, desto unwesentlicher ist der Einfluss der personenbezogenen Erfolgsfaktoren. Mit einer zunehmenden Verschlechterung dieser Rahmenbedingungen gewinnen dagegen die personenbezogenen Erfolgsfaktoren deutlich an Relevanz.

Die zweite Arbeitsthese, die die Substitutionsfähigkeit von Humankapital und sozialem Kapital postulierte, konnte weder bestätigt noch widerlegt werden. Die Ergebnisse waren über alle Befragten hinweg so einheitlich, dass ernstzunehmende Unterschiede weder in der Humankapitalausstattung noch in der Mobilisierung von sozialen Beziehungen festgestellt werden konnten. Auch hier müssten quantitative Studien tiefer Einblicke vermitteln.

Literaturverzeichnis

Aldrich, H. & Zimmer, C. (1986): Entrepreneurship Through Social Networks, in: Aldrich, H. (Hrsg.) (1986): Population Perspectives on Organizations. Uppsala. S. 13-28

Anderseck, Klaus (2000): „born or made" – Der Weg zum Unternehmensgründer. Hagen.

Becker, Gary S. (1975): Human Capital. 2. Auflage. Chicago

Braun, Gerald (1996): Trainingskonzepte für Unternehmensgründer, in: Preisendörfer, Peter (Hrsg.) (1996): Prozesse der Neugründung von Betrieben in Ostdeutschland. Rostocker Beiträge zur Regional- und Strukturforschung, Heft 2. Rostock. S. 167-188

Brüderl, Josef, Preisendörfer, Peter, Ziegler, Rolf (1996): Der Erfolg neugegründeter Unternehmen. München

Bühler, Christoph (1999): Die strukturelle Eingebundenheit neugegründeter Unternehmen. München

Bygrave, William D. & Hofer, Charles W. (1991): Theorizing about Entrepreneurship, in: Entrepreneurship – Theory and Practice. Winter 1991. S. 13-22

Ciavarella, Mark A., Buchholtz, Ann K., Riordan, Christine M., Gatewood, Robert D., Stokes, Garnett S. (2004): The Big Five and venture survival: Is there a linkage? in: Journal of Business Venturing 19. S. 465-483

Davidsson, Per & Honig, Benson (2003): The role of social and human capital among nascent entrepreneurs, in: Journal of Business Venturing 18. S. 301-331

DeVries, Manfred (1977): The Entrepreneurial Personality: A Person at the Crossroads, in: Journal of Management Studies. 14. S. 34-57

Drakopoulou Dodd, Sarah (2002): Metaphors and meaning. A grounded cultural modell of us entrepreneurship, in: Journal of Business Venturing 17. S. 519-533

Gartner, William B. (1988): „Who Is an Entrepreneur?" Is the Wrong Question, in: American Journal of Small Business. Spring 1988. S. 11-32

Granovetter, Marc (1983): The Strength of Weak Ties: A Network Theory Revisited, in: Collins, R. (Hrsg.) (1983): Sociological Theory. San Francisco. S. 201-233

Jack, Sarah L. & Anderson, Alistair R. (2002): The effects of embeddedness on the entrepreneurial process, in: Journal of Business Venturing 17. S. 468-487

Klandt, Heinz (1984): Aktivität und Erfolg des Unternehmensgründers. Eine empirische Analyse unter Einbeziehung des mikrosozialen Umfeldes. Bergisch-Gladbach

Leser, Hartmut (Hrsg.) (2001): Diercke Wörterbuch Allgemeine Geographie. 12. Auflage. München

Light, I. H. (1972): Ethnic Enterprise in America. Berkeley

McClelland, David (1961): The Achieving Society. Princeton

Müller, Günter F. (1999): Dispositionelle und familienbiographische Faktoren unselbständiger, teilselbständiger und vollselbständiger Erwerbstätigkeit, in: von Rosenstiel, Lutz & Lang-von Wins, Thomas (Hrsg.) (1999): Existenzgründung und Unternehmertum. Themen, Trends und Perspektiven.

Nerdinger, Friedemann W. (1999): Perspektiven der Erforschung des Unternehmertums, in: von Rosenstiel, Lutz & Lang-von Wins, Thomas (Hrsg.) (1999): Existenzgründung und Unternehmertum. Themen, Trends und Perspektiven. S. 3-21

Opaschowski, Horst W. (2003): Gründungsneigung und gründungsbezogene Einflussfaktoren in Deutschland, in: Steinle, Claus & Schumann, Katja (Hrsg.) (2003): Gründung von Technologieunternehmen. Merkmale – Erfolg – empirische Ergebnisse. Wiesbaden. S. 23-35

Preisendörfer, P. & Voss, T. (1990): Organizational Mortality of Small Firms: The Effects of Entrepreneurial Age and Human Capital, in: Organization Studies 11. S. 107-129

Preisendörfer, Peter: Gründungsforschung im Überblick: Themen, Theorien und Befunde in: Preisendörfer, Peter (Hrsg.) (1996): Prozesse der Neugründung von Betrieben in Ostdeutschland. Rostocker Beiträge zur Regional- und Strukturforschung, Heft 2. Rostock. S. 7-30

Schumpeter, Josef (1952): Theorie der wirtschaftlichen Entwicklung. 5. Auflage. Berlin

Shaver, Kelly G. & Scott, Linda R. (1991): Person, Process, Choice: The Psychology of New Venture Creation, in: Entrepreneurship – Theory and Practice. Winter 1991. S. 23-45

Weber, Max (1981): Die Protestantische Ethik I. Gütersloh